BEI GRIN MACHT SICH IHR WISSEN BEZAHLT

- Wir veröffentlichen Ihre Hausarbeit,
  Bachelor- und Masterarbeit

- Ihr eigenes eBook und Buch -
  weltweit in allen wichtigen Shops

- Verdienen Sie an jedem Verkauf

Jetzt bei www.GRIN.com hochladen und kostenlos publizieren

Caprice Mathar

Energiepflanzen als gefragte Produkte auf dem Weltmarkt. Brasilien als Bioethanolproduzent

GRIN Verlag

Bibliografische Information der Deutschen Nationalbibliothek:

Die Deutsche Bibliothek verzeichnet diese Publikation in der Deutschen National-
bibliografie; detaillierte bibliografische Daten sind im Internet über http://dnb.d-
nb.de/ abrufbar.

Dieses Werk sowie alle darin enthaltenen einzelnen Beiträge und Abbildungen
sind urheberrechtlich geschützt. Jede Verwertung, die nicht ausdrücklich vom
Urheberrechtsschutz zugelassen ist, bedarf der vorherigen Zustimmung des Verla-
ges. Das gilt insbesondere für Vervielfältigungen, Bearbeitungen, Übersetzungen,
Mikroverfilmungen, Auswertungen durch Datenbanken und für die Einspeicherung
und Verarbeitung in elektronische Systeme. Alle Rechte, auch die des auszugsweisen
Nachdrucks, der fotomechanischen Wiedergabe (einschließlich Mikrokopie) sowie
der Auswertung durch Datenbanken oder ähnliche Einrichtungen, vorbehalten.

Impressum:

Copyright © 2010 GRIN Verlag GmbH
Druck und Bindung: Books on Demand GmbH, Norderstedt Germany
ISBN: 978-3-656-58670-8

Dieses Buch bei GRIN:

http://www.grin.com/de/e-book/267679/energiepflanzen-als-gefragte-produkte-
auf-dem-weltmarkt-brasilien-als

GRIN - Your knowledge has value

Der GRIN Verlag publiziert seit 1998 wissenschaftliche Arbeiten von Studenten, Hochschullehrern und anderen Akademikern als eBook und gedrucktes Buch. Die Verlagswebsite www.grin.com ist die ideale Plattform zur Veröffentlichung von Hausarbeiten, Abschlussarbeiten, wissenschaftlichen Aufsätzen, Dissertationen und Fachbüchern.

Besuchen Sie uns im Internet:

http://www.grin.com/

http://www.facebook.com/grincom

http://www.twitter.com/grin_com

RWTH Aachen
Geographisches Institut
Grundseminar Wirtschaftsgeographie
Sommersemester 2010
Hausarbeit

20.04.2010

Energiepflanzen als gefragte Produkte auf dem Weltmarkt
– Brasilien als Bioethanolproduzent –

Caprice Mathar

Inhaltsverzeichnis

1 Einleitung

Gegenstand der Hausarbeit ist die Herausstellung der Rolle von Energiepflanzen für die heutige Energiegewinnung mit besonderer Berücksichtigung ihrer Rolle und Auswirkungen als Biokraftstoffe auf dem Weltmarkt.

In Kapitel 2 wird die Arbeit in einen größeren Kontext eingeordnet. Hierbei steht der Wandel der Energiequellen unter dem Gesichtspunkt der Nachhaltigkeit im Vordergrund. Zu Beginn von Kapitel 3 wird ein Überblick über die einzelnen Energiepflanzen und ihre Nutzung gegeben, sowie eine Erläuterung des Begriffs der Energiepflanzen. Im Anschluss wird in Kapitel 4 die Position von Energiepflanzen vor allem in Form von Biokraftstoffen auf dem Weltmarkt dargestellt. Außerdem werden diese hinsichtlich der ökonomischen, ökologischen und sozialen Aspekte kritisch betrachtet. Anschließend wird in Kapitel 5 auf die Bioethanolproduktion in Brasilien eingegangen. An diesem Fallbeispiel sollen Vor – und Nachteile der Herstellung von Bioethanol aufgewiesen werden, um daraus eventuelle allgemeingültige Schlüsse für die Nutzung von Energiepflanzen ziehen zu können. Ihren Abschluss findet die Arbeit in Kapitel 6 mit einer Zusammenfassung des gewonnenen Wissens, sowie eines Fazits, inwiefern die Nutzung von Energiepflanzen als Alternative Energiegewinnung sinnvoll ist.

2 Neue Wege der Energiegewinnung

2.1 Nachhaltige Entwicklung der Energieversorgung

Die Debatte der nachhaltigen Entwicklung, geprägt 1972 durch die UN – Vollversammlung, ist stets aktuell. Schließlich soll die „natürliche Lebensgrundlage für nachfolgende Generationen" (Eich/Hake 2002:6) nicht zerstört werden. Die nachhaltige Entwicklung setzt sich aus einem dreidimensionalen Konzept, aus den Säulen: Wirtschaft, Gesellschaft und Umwelt, zusammen (Eich/ Hake 2002:10). Für diese Arbeit entscheidend ist der Bezug dieser drei Säulen auf die Energieversorgung. Denn eine ausreichende Energieversorgung gewährleistet „die Grundlage für ein menschenwürdiges Leben und eine leistungsfähige Gesellschaft" (Eich/ Hake 2002:16).

Durch den steigenden weltweiten Energiebedarf, der auf einen Anstieg der Weltbevölkerung zurückzuführen ist (Geitmann 2005:16), müssen Alternativen zur Strom- und Wärmeerzeugung, sowie zur Herstellung oder Ersatz von Kraftstoffen gefunden werden. Um sich dem steigenden Energiebedarf anzupassen, waren Energiequellen stetig im Wandel. Heutzutage ist Erdöl ein „zentraler Rohstoff" (Breuer 2004:1). Jedoch haben fossile Energieträger zwei gravierende Nachteile. Sie sind begrenzt und umweltschädlich, so dass es zu Problemen des Klimaschutzes und der Versorgungssicherheit kommt (Breuer 2004:1). Seit Anfang des 20. Jahrhunderts wurde aus Kernbrennstoffen Energie hergestellt. Wie Geitmann es nennt, stellte sich dies auf Grund der Entsorgungs- und Gesundheitsprobleme als „Sackgasse" heraus (2005:15). So muss sich die zukünftige Energieversorgung das System der Nachhaltigkeit anpassen. Wichtig zu beachten ist dabei die Sicherheit, die Effizienz und die Umweltfreundlichkeit (Eich/ Hake 2002:20).

2.2 Erneuerbare Energien als alternative Energiequelle

Regenerative Energien wie Wasserkraft, Erdwärme, Gezeiten – oder Wellenenergie, Wind – und Sonnenenergie, sowie die Biomasse sind eine Möglichkeit zur alternativen Energiegewinnung. Denn sie weisen ein großes Potential auf. In 2005 nahmen sie einen Anteil von 3,6% am Primärenergieverbrauch in Deutschland ein. Im Vergleich mit Mitte der 1990er hat sich dieser Anteil von 1,5% mehr als verdoppelt. Energie aus Biomasse nimmt mehr als die Hälfte der erneuerbaren Energien ein, gefolgt von Windenergie und Wasserkraft. Diese Energien erfreuen sich immer größerer Beliebtheit, was zum Beispiel auf politische Entscheidungen zurückzuführen ist, so dass diese Energien Möglichkeiten haben sich auf dem Markt zu etablieren. Generell bilden sie einen guten Versorgungsmix, so dass alle erneuerbaren Energien die Bedürfnisse der Bevölkerung gut decken können (Kohl 2008: 5-6). Im weiteren Verlauf soll speziell auf die Energiegewinnung durch Biomasse, hergestellt aus Energiepflanzen, eingegangen werden.

3 Energiepflanzen als neue Richtung

3.1 Energiepflanzen – eine Erläuterung

Biomasse lässt sich in zwei Arten unterteilen. Zum einen gibt es die „energetischen Segmente Rückstände und organische Abfälle", wie Holz und Stroh, zum anderen gibt es die Energiepflanzen (Meurer 2000:16).

Laut der Fachagentur für nachwachsende Rohstoffe e.V. (FNR) zählen Energiepflanzen zu den nachwachsenden Rohstoffen. Energiepflanzen werden zur Energieproduktion angebaut und liefern Biomasse. Diese ist für die Wärme– und Stromerzeugung, sowie Herstellung von Kraftstoffen geeignet. Dies ist anderen erneuerbaren Energien gegenüber ein großer Vorteil, wodurch es zu einer hohen Nachfrage kommt. Außerdem ist diese Biomasse lagerfähig, kann fossile Ressourcen schonen und reduziert die Abhängigkeit von importierten Energieträgern. Des Weiteren fördern sie den ländlichen Raum, da Arbeitsplätze geschaffen werden (FNR o.J. a).

Unterteilt werden Energiepflanzen in Getreidepflanzen, Grasarten, wie Schilf- und Hirsearten und schnell wachsende Bäume. Beispiele für schnell wachsende Bäume in Mitteleuropa sind Pappel-, Erlen-, und Weidearten, die sogar einen Produktionszeitraum von unter fünf Jahren haben können. Sie zählen so zu den Mehrjahreskulturen (Meurer 2000:17-18). In Deutschland werden 15 verschiedene Arten von Energiepflanzen genutzt. Allgemein als Energiepflanzen bekannte Arten sind Raps, Mais und Getreide. Beispiele, die weniger bekannt, aber

3

dafür ein hohes Potenzial haben sind durchwachsende Silphie, Sudangras, Topinambur und Zuckerhirse. Generell dienen Energiepflanzen zur Herstellung von Biogas, Festbrennstoffen oder Biokraftstoffen (FNR o.J. a). Auf diese wird nun im Einzelnen eingegangen und einige spezielle Kraftstoffe werden exemplarisch herausgestellt.

3.2 Biokraftstoffe als Endprodukte der Energiepflanzen

Biokraftstoffe sind in vielen Punkten vergleichbar mit Otto – und Dieselkraftstoffen und können so durch lediglich einfache Anpassung der normalen Verbrennungsmotoren eingesetzt werden. Außerdem sind sie flüssig und können so wie gewohnt über das bestehende Tankstellennetz verteilt werden. Eine Ausnahme bildet jedoch Methan, das aus Biogas produziert wird und somit gasförmig ist (FNR o.J. b). Eingeteilt werden sie in Biokraftstoffe der ersten oder zweiten Generation. Pflanzenöl, Biodiesel und Bioethanol gehören beispielsweise der ersten Generation an. Das neue Verfahren Biomass–to–Liquid hat eine „breit gefächerte Rohstoffbasis" und wird von Brysch (2008:29) als „Allesfresser" bezeichnet. Zur Herstellung können so auch Pflanzenreste genutzt werden. Deswegen gehört dieses Verfahren der zweiten Generation an, da keine Pflanzen genutzt werden, die ebenfalls als Nahrungsmittel dienen. Ebenfalls zählt Biogas zu Biokraftstoffen der zweiten Generation.

3.2.1 Pflanzenöl

In Deutschland bilden Raps oder Sonnenblumen überwiegend die Grundlage für Pflanzenöl. Die Samen werden zermahlen und im Anschluss durch mechanischen Druck bei 40°C kalt gepresst. Dem Verfahren der Kaltpressung steht das Verfahren der zentralen Ölgewinnung gegenüber. Hierbei werden die Samen unter höheren Temperaturen gepresst und anschließend durch Lösungsmittel bei 80°C gelöst (Brysch 2008:40). Um das daraus gewonnene Öl, welches nicht aufbereitet werden muss, zu verwenden, gibt es speziell angefertigte Motoren oder umgerüstete Motoren (Geitmann 2005:66-67). Weitere Öle, die in Verbrennungsmotoren genutzt werden können, sind in anderen Regionen der Erde das Soja-, Palm-, oder Olivenöl. Dies ist davon abhängig, welche Frucht sich in einer bestimmten Region am leichtesten und am kostengünstigsten anbauen lässt. So besteht Pflanzenöl in Afrika überwiegend aus dem Jatropha – Strauch (Brysch 2008:39).

3.2.2 Biodiesel

Biodiesel ist die meist verbreitete und bekannteste Form der Biokraftstoffe (FNR o.J. b), weil er durch geringe chemische Aufbereitung (Umesterung) mit Hilfe von Methanol (Geitmann 2005:66) kompatibel mit den jetzigen Maschinen ist. So kann Biodiesel dem normalen Diesel zugeführt werden. Normalerweise besteht der Anteil des zugeführten Biodiesels aus 5% (B5). In Deutschland gibt es sogar reines Biodiesel (B100). Hierfür müssen allerdings Dieselfahrzeuge umgerüstet werden (Scheffran 2010:35). Pflanzenöle und tierische Fette bilden die Basis des Biodiesels. Überwiegend wird jedoch Biodiesel aus Raps gewonnen, indem der Raps in Ölmühlen gepresst wird. In diesem Fall wird Biodiesel als Rapsmethylester bezeichnet (Geitmann 2005:60).

3.2.3 Bioethanol

Bioethanol wird aus Pflanzen mit hohem Zucker- oder Stärkeanteil erzeugt. Beispiele dafür sind Zuckerrüben, Zuckerrohr, Kartoffeln, Getreide wie Winterweizen und Mais. Hergestellt werden sie durch Gärungsprozesse des Zuckers und der Stärke und anschließender Destillation (Flaig 1998:9). Interessant ist, dass Bioethanol als Ersatz für Ottokraftstoffe, wie Benzin oder Superkraftstoff genutzt werden kann. Ethanol wird jedoch nur dem Kraftstoff beigemischt. Zu einem Anteil von 5% kann es Benzin beigemischt werden (E5). So entspricht das Benzin immer noch seiner ursprünglichen Qualität, muss so nicht entsprechend gekennzeichnet und Motoren nicht umgerüstet werden (Brysch 2008:37-38).

3.2.4 Biomass–to–Liquid

Biomass–to–Liquid, auch als Synfuel oder Sunfuel bezeichnet, gehört zu den synthetisch hergestellten Kraftstoffen. Durch diese Art der Herstellung sind sie besonders anpassungsfähig, so dass Motoren nicht umgebaut werden müssen. Diese Designerkraftstoffe werden gezielt bearbeitet, um möglichst effizient zu sein. Zur Herstellung benötigte Rohstoffe sind Holz, sowie jede Energiepflanze und vor allem jeder Teil von ihr. Jedoch können auch pflanzliche Abfälle genutzt werden. Durch die sogenannte thermochemische Vergasung werden diese Stoffe in ein Synthesegas verwandelt. Schließlich werden bei der Gasreinigung schädliche Gase wie Schwefelverbindungen entfernt. Darauf folgt der Syntheseschritt, wobei entweder das Synthesegas in flüssige Kohlenwasserstoffe umgewandelt oder das Synthesegas zuerst in Menthol umgewandelt wird. Zuletzt muss es aufbereitet und veredelt werden, um als Kraftstoff genutzt werden zu können. Dieser Prozess ist noch sehr aufwendig, so dass Sunfuel begrenzt ist. Allerdings wird dieses Verfahren immer weiter entwickelt (FNR o.J. c).

4 Energiepflanzen - auf dem Weltmarkt gefragt?

4.1 Erneuerbare Energien im Wettbewerb

Trotz der anhaltenden Wirtschaftskrise sind erneuerbare Energien in Deutschland ein „stabiler Faktor", so dass es im Jahr 2009 sogar zur Steigerung des Anteils der erneuerbaren Energien am gesamten Energieverbrauch kam. Waren es 2008 nur 9,3%, so waren es 2009 schon 10,1% (BMU 2010:3). Abbildung 1 aus 2010 zeigt die einzelnen Arten der erneuerbaren Energien an ihrem Gesamtanteil in 2009. Den größten Anteil nimmt die Energie gewonnen aus Biomasse mit 7% ein, gefolgt von Windenergie mit 1,6%. Es folgt Wasserkraft mit 0,8%. Die letzten 0,7% setzen sich aus den übrigen regenerativen Energien zusammen. Diese Anteile bilden zusammen die 10,1%.

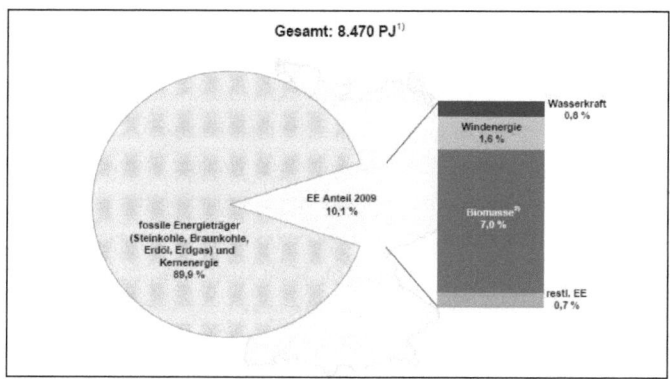

Abbildung 1: Anteil erneuerbarer Energien am Endverbrauch in Deutschland 2009   *Quelle: BMU (2010:4)*

Weltweit hatten in 2004 erneuerbare Energien einen Anteil von 13, 1% am gesamten Welt-
primärenergieverbrauch. Auch diese Angabe setzt sich aus den Energien produziert aus
Biomasse mit 10,4%, Wasserkraft mit 2,2% und restlichen Energien wie Solar mit 0,5% zusammen. Im Vergleich mit 1971 ist aber zu erkennen, dass die regenerativen Energien trotz
einer Verdopplung der verbrauchten Gesamtenergie jedoch 0,7% Anteil am Weltprimärener-
gieverbrauch verloren haben. So haben sie noch keine große Bedeutung für die weltweite
Energieversorgung. Wird die Entwicklung der erneuerbaren Energien aber gesondert betrachtet, lässt sich seit 1992 immer eine zweistellige Zuwachsrate vermerken (Staiß
2007:366-367). Geitmann (2005:25) spricht von einer verhaltenen Situation für regenerative
Energien, da sie lediglich einen kleinen Bedarf decken und so ihre Bedeutung als „Energie-
lieferanten insgesamt recht niedrig" ist.

Der gesamte Energiemarkt lässt sich in drei Sektoren unterteilen. Diese sind die Stromerzeugung, die Wärmebereitstellung, und der Kraftstoffverbrauch, der nun im Hinblick auf Biokraftstoffe betrachtet wird.

4.2 Der Boom der Biokraftstoffe

„Der Gebrauch von Pflanzenöl als Kraftstoff mag heute unbedeutend sein. Aber derartige
Produkte können im Laufe der Zeit ebenso wichtig werden wie Petroleum und diese Kohle –
Teer - Produkte von heute." So äußerte sich Rudolph Diesel 1912 in seiner Patentschrift zu
der Debatte der Biokraftstoffe (in Geitmann 2005:57).

Ihre Bedeutung ist international und national in den vergangenen Jahren stetig gewachsen.
Zurückführen lässt sich dies auf Zielvorgaben zum Beispiel der EU. Diese veröffentlichte
2003 die „EU - Richtlinie zur Förderung der Verwendung von Biokraftstoffen oder anderen
erneuerbaren Kraftstoffen im Verkehrssektor". Dadurch sollte der Marktanteil in den Mitglieds-
ländern 2005 auf 2% angehoben werden und bis Ende 2010 auf 5,75% steigen (Gärtner/

Reinhardt 2005:400). Es wird auch von einem „globalen Boom des grünen Kraftstoffes" (Gans/Gerling 2008:58) gesprochen. Dieser ist auf verschiedenen Faktoren zurückzuführen. Ein bekannter Faktor ist die Steigerung des weltweiten Energiebedarfs. Des Weiteren kommen die steigenden Preise des Erdöls hinzu, sowie die Erkenntnis, dass fossile Ressourcen begrenzt sind. Ein weiterer Punkt ist die Frage der Nachhaltigkeit, die immer mehr in den Vordergrund rückt. Beispielsweise sollen Biokraftstoffe weniger klimaschädlich sein, da sie weniger CO_2 emittieren. Auf Grund des Anbaus von Energiepflanzen werden neue Einkommensquellen für die Landwirtschaft gesichert, wodurch auch Entwicklungsländer eine Chance erhalten sollen, ihre Stellung zu verbessern. Nicht zuletzt gab es viele technische Fortschritte. Diese sollen dazu beitragen, dass die Herstellung der Biokraftstoffe durch Senkung der Kosten effizienter wird. Aus diesem Grund können Biokraftstoffe immer wettbewerbsfähiger werden. Letztendlich werden Biokraftstoffe subventioniert und erhalten Steuervergünstigungen, wodurch der Biokraftstoffboom weiter angekurbelt wird (Gans/Gerling 2008:58).

4.3 Die Rolle der Biokraftstoffe auf dem Weltmarkt

Im Vergleich zum Wärme- oder Stromsektor sind regenerative Energien im Kraftstoffmarkt kaum bedeutend. 2007 stellten Biokraftstoffe nur 1% des weltweiten Kraftstoffverbrauchs des Verkehrs dar (Staiß 2007:371). Jedoch ist der Anteil der Biokraftstoffe international gestiegen. Dies zeigt auch das Diagramm in Abbildung 2, dass die Entwicklung der Anteile der Biokraftstoffe am internationalen Kraftstoffmarkt von 1980 - 2005 darstellt.

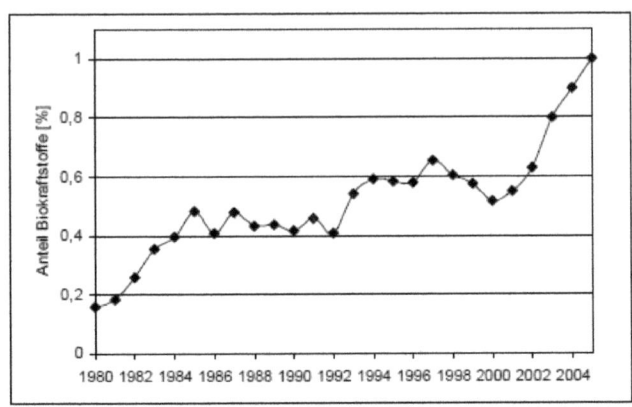

Abbildung 2: Anteil Biokraftstoffe im globalen Kraftstoffmarkt 1980- 2005   *Quelle: Staiß 2007:371*

Dieser Anstieg kann auf den Boom zurückgeführt werden. Die Herstellung beispielsweise von Bioethanol, der global der wichtigste Biokraftstoff ist, wurde mehr als verdoppelt. Waren es 2000 noch 17,6 Mrd. Liter, so sind es 2005 bereits 46 Mrd. Liter. Dies ist ein Wachstum von 19%. Biodiesel vervierfachte seine Produktion 2005 auf 3,5 Mrd. Liter. Hier lag das Ausgangsniveau allerdings auch wesentlich niedriger (Staiß 2007:372).

In Deutschland wurde das Ziel der EU - Ziele von 5,75% bereits überschritten. 2008 stellten alle Biokraftstoffe zusammen 5,9%, der 52 Mio. Liter des verbrauchten Kraftstoffes dar. Allerdings waren biogene Kraftstoffe in diesem Jahr zum ersten Mal rückläufig. 2007 lag der Anteil der biogenen Kraftstoffe noch bei 7,2% (FNR o.J. b). 2009 sanken sie weiter auf 5,5%. Um diesen Abwärtstrend zu stoppen, wurde eine gesetzliche Quote eingeführt, die einen Mindestverbrauch von Biokraftstoffen vorschreibt. Außerdem wurden Steuerentlastungen beibehalten, die eigentlich durch das Wachstumsbeschleunigungsgesetz abgeschafft werden sollten (BMU 2010:5).

Dies weist auf die Frage der Wirtschaftlichkeit von biogenen Kraftstoffen hin. Momentan sind die Erdölpreise im Verhältnis mit den Produktionskosten der Biokraftstoffe noch immer sehr gering, so dass Biokraftstoffe nicht wettbewerbsfähig sind. Sie konnten sich erst auf dem Markt etablieren, nachdem Mineralöl- und Ökosteuerbefreiungen zur Unterstützung eingeführt wurden. Herstellungskosten für 1000l Biodiesel beispielsweise betragen 500€. Die Kosten für Mineralöldiesel liegen bei 200 - 250€ (Breuer 2004:22). Biokraftstoffe sind also ökonomisch nicht konkurrenzfähig. Sie werden lediglich durch die Politik gehandelt und sind so auf ihre Unterstützung angewiesen. Diese verursachten Mehrkosten müssen durch den Steuerzahler getragen werden. Allerdings trifft dies nicht auf alle Länder zu. Brasilien bildet beispielsweise eine Ausnahme. Hier sind Biokraftstoffe vor allem in Form von Bioethanol wettbewerbsfähig (Becker et.al. 2008:63). Ökonomisch problematisch ist auch der höhere Energieinput im Verhältnis zum Energieoutput. Beispielsweise bleibt bei der Bioethanolgewinnung aus Zuckerrüben nur ein Nettoenergiebetrag von 21% übrig. Bei Winterweizen sind es lediglich 13%. Um diese Spanne zu verringern, müsste extensivere Bewirtschaftung betrieben werden, wodurch sich wieder die Frage nach der Wirtschaftlichkeit in den Vordergrund stellt (Meurer 2008:20-21). Diese wirtschaftlichen Nachteile stehen im Kontrast zu positiven Erscheinungen wie Umweltfreundlichkeit. Nun gilt es abzuwägen, ob ökologische und soziale Ziele oder ökonomische Aspekte wichtiger sind. Außerdem muss die Frage, ob Biokraftstoffe für Mensch und Umwelt nur Vorteile bringen, gestellt werden.

4.4 Ökologische und soziale Auswirkungen der Biokraftstoffe

In Indien stieg in den letzten Jahren die Zahl der Fahrzeuge rasant an. Dies führte zu einer starken Nachfrage nach Kraftstoffen. Damit nicht weiterhin teures Erdöl importiert werden muss, wurde die Biodieselproduktion, hergestellt aus der Jathropha- Frucht, gefördert (Chaliganti et.al. 2008:30-31). Für die benachteiligte Bevölkerung Indiens bedeutet dies die Chance auf einen Arbeitsplatz. Die Arbeiter auf den Plantagen sind zu „70% Analphabeten, 19% haben eine Grundschulausbildung und 11% Oberschulbildung" (Chaliganti et.al. 2008:32), die entweder zur Hälfte Landlose oder Kleinbauern sind, die weniger als zwei Hektar Land besitzen. Außerdem finden so auch Frauen einen Arbeitsplatz (Chaliganti et.al. 2008:33). Dies ist ein Beispiel für die Schaffung neuer Arbeitsplätze in der Landwirtschaft. Generell sollen durch den Anbau von Energiepflanzen neue Einkommensmöglichkeiten entstehen. Dies trifft vor allem auf Entwicklungsländer zu, die dadurch eine Chance zur „nachhaltigen Entwicklung" (Gans/Gerling 2008:58) erhalten. Für die Umwelt bedeutet die Nutzung von Biokraftstoffen eine geringere CO_2 - Belastung. Somit wird der Treibhauseffekt dadurch nicht weiter verstärkt und hat keine Auswirkungen mehr auf den globalen Klimawandel. Des Weiteren steigt die Versorgungssicherheit, da die Erdölabhängigkeit verringert wird (Breuer 2004:21). So bieten Biokraftstoffe einen „praktikablen Lösungsansatz" (Becker et.al. 2008:63) an.

Neben Verbesserungen der Arbeits- und Umweltbedingungen kommt es zu Konflikten, vor allem beim Wettbewerb um Anbauflächen. Dieser Konflikt beinhaltet die Problematik der Nahrungs- und Energieversorgung. Schließlich werden in Entwicklungsländern Pflanzen zur Energiegewinnung angebaut, die eigentlich als Nahrungsgrundlage dienen oder es werden Flächen verwendet, die ursprünglich für Nahrungspflanzen vorgesehen waren. Häufig werden auch Regenwälder abgeholzt, um diese Flächen als Anbauflächen nutzen zu können oder Flächen von Kleinbauern werden für die Energiegewinnung in Anspruch genommen. Diese haben das Land aber zur Nahrungsgrundlage bewirtschaftet (Bernhardt 2008:68). Durch die Reduzierung von Anbauflächen für Nahrung können auch die Lebensmittelpreise um 1% steigen. Schließlich haben Kleinbauern durch die Reduzierung kaum Überschüsse zu verkaufen. Somit wird sich die Zahl der Hungernden um 16 Mio. erhöhen. Zusätzlich ist das Anheben der Preise für Arme problematischer, weil sie den größten Teil ihres Geldes für Grundnahrungsmittel verwenden. Dies verstärkt somit die „ökonomische Ungleichheit" zwischen Arm und Reich in Entwicklungsländern (Gans/ Gerling 2008:60). Aus ökologischer Sichtweise ist der Anbau von Energiepflanzen problematisch, da trotz der CO_2 - Reduzierung die Umwelt stark durch freigesetztes Lachgas geschädigt wird, das die Ozonschicht angreift und so die UV - Strahlung erhöht wird. Zusätzlich werden Stäube und Kohlenmonoxid freigesetzt. Für den intensiven plantagenartigen Anbau der Energiepflanzen werden größere Mengen Dünger und Schädlingsmittel benötigt. Als Ursache dafür ist der langjährige Anbau einer Pflanzenart (Monokultur) zu nennen. Dadurch werden dem Boden wichtige Nährstoffe entzogen und es kommt zu Humusverlust. Dies führt letztendlich zur „Grundwasserbelastung, Bodenerosion und Rückgang der Biodiversität" (Meurer 2000:18-19). Dies sind Beispiele für die Auswirkung des Anbaus von Energiepflanzen zur Biokraftstoffherstellung.

Insgesamt ist dieser kritisch zu sehen. Laut Bernhardt (2008:70) ist es sinnvoller, dass Energiepflanzen „stationär" zur Strom- und Wärmeerzeugung eingesetzt werden, anstatt als Kraftstoffe. Schließlich birgt diese Verwendung große soziale und klimatische Risiken. Hinzu kommt eine schlechte ökonomische Bilanz. Allerdings steht die Entwicklung der Biokraftstoffe noch am Anfang, so dass sich die Entwicklung in allen Bereichen weiter optimieren kann (Becker et al. 2008:63).

5 Brasilien als Bioethanolproduzent - ein Fallbeispiel

5.1 Historische Entwicklungen der Bioethanolproduktion

Die ersten Versuche Bioethanol als Kraftstoff zu verwenden, fand 1933 statt. In diesem Jahr wurde das „Sugar and Alcohol Institute" gegründet. Vor allem während des zweiten Weltkrieges und der vorherigen Weltwirtschaftskrise nahm der Verbrauch von Bioethanol auf Grund von Versorgungsschwierigkeiten (Schölzel 2000:88) stark zu, um Ölimporte zu sichern und zu verringern. Jedoch wurde 1953 Petrobas, eine Vereinigung zur Vermarktung von Erdöl, gegründet. Bis 1973 war Brasilien dadurch stark von Erdöl abhängig, da 72% des benötigten Erdöls importiert werden mussten (Alves et.al. 2008:323). Aus diesem Grund wurde Brasilien stark von der ersten Ölkrise 1974 in Mitleidenschaft gezogen. Daraufhin gründete sich 1975 das PROÁLCOOl - Programm in Brasilen als Reaktion auf den Erdölpreisschock (Nentwig 2005:216).

5.2 Das PROÁLCOOL - Programm

Das PROÁLCOOl - Programm, durch den Staat ins Leben gerufen, sollte vor allem die Abhängigkeit von Erdölimporten verringen, um so eine Versorgungssicherheit zu gewährleisten. Nach einem Zeitraum von zehn Jahren war diese Industrie in der Lage jährlich 10 Mrd. Liter Ethanol herzustellen. So reduzierten sich die Erdölimporte bis Ende der 80er auf 30% (Nentwig 2005:216). Weitere Ziele der Regierung durch dieses Programm waren zum Einen die Einsparung von Devisen. Dies bedeutet, dass der Benzinverbrauch gemindert wurde und Brasilien so weniger anfällig für neue Krisen war. Schließlich konnte Geld eingespart werden, welches vorher für die steigenden Importkosten genutzt werden musste. Zum Anderen wollte Brasilien selbstständig sein. Öl war zu der Zeit des kalten Krieges als ein strategischer Rohstoff von großer politischer Bedeutung, wodurch eventuell Druck auf abhängige Staaten ausgeübt werden konnte. Weiteres Ziel war die Sicherung der Zuckerwirtschaft. Zu diesem Zeitpunkt hatte Zucker ein sehr niedriges Preisniveau auf dem Weltmarkt. Durch den neugeschaffenen Absatzmarkt wurde dieser Wirtschaftzweig gerettet und zusätzlich die Automobilbranche unterstützt. Das letzte Ziel war die Hoffnung auf neue Arbeitsplätze. Schließlich sollten Plätze im Zuckerrohranbau und in der weiterverarbeitenden Automobilindustrie geschaffen werden. Diese sollten überwiegend in den benachteiligten Gebieten Brasilien angeboten werden, so dass „räumliche Disparitäten" verringert werden konnten (Dünckmann 2000:22).

Das Programm kann in drei Perioden eingeteilt werden. Als erste Periode wird die Zeitspanne von 1975 - 1980 gesehen. In dieser Phase wurde lediglich dehydrierter Äthylalkohol (wasserfreies Ethanol) dem normal Benzin bis 25% beigemischt. Jedoch nach der zweiten

Ölkrise 1979, als die Abhängigkeit von Ölimporten immer noch hoch war, wurde hydrierter Äthylalkohol (wasserhaltiges Ethanol) hergestellt. Dieser fand seinen direkten Einsatz als Treibstoff. Dazu mussten Motoren vollständig neu konstruiert werden. In dieser Zeit war das Programm durchaus erfolgreich. Die jährliche Produktionsmenge von Bioethanol stieg von 600 Mio. Liter in 1976 auf 11,8 Mrd. Liter in 1985/1986. Dies hing vor allem mit der Automobilindustrie zusammen. Diese verstärkte in der Mitte der zweiten Phase die Produktion der Neuwagen mit Motoren ausgelegt für den Betrieb mit Alkohol. So waren 1984 90% aller Neuwagen mit solch einem Motor ausgestattet (Dünckmann 2000:23, Schölzel 2000:91-92). Ende der 80er Jahre und verschärfend in den 90er Jahren kam es zur Krise. Der hydrierte Äthylalkohol verlor gänzlich an Bedeutung. 1997 wurden gerade einmal 1000 alkoholbetriebene Neuwagen hergestellt. Im Jahre 2000 wurde die Produktion fast vollständig stillgelegt. Die Produktionsmenge des wasserfreien Ethanol wuchs im Vergleich dazu wegen der zunehmenden Motorisierung der brasilianischen Gesellschaft weiter. Als Gründe gilt es die Dürre von 1986 zu nennen. Dadurch kam es zu Versorgungsengpässen. Diese verstärkten sich so sehr, dass 1989 sogar Menthol als Kraftstoff importiert werden musste. Außerdem stiegen die Zuckerpreise auf dem Weltmarkt. Der Handel mit Zucker auf dem Weltmarkt wurde wieder lukrativ. Zusätzlich sank der Ölpreis und das Ziel der Deviseneinsparung verlor an Reiz. Hinzu kam, dass die Förderung von eigenem Erdöl in dieser Zeit stark zunahm. In den 70er Jahren wurden 165.000 Barrel pro Tag gefördert, im Jahr 2000 waren es bereits 1.000.000 Barrel pro Tag.

Das größte Problem jedoch bestand darin, dass dieses Programm von der Regierung und deren Lenkung und Subventionierungen angewiesen war. Dieses Prinzip stand aber im Kontrast zu der neuen Regierungsform. Diese ist neoliberal eingestellt und zog sich so seit den 90er Jahren auf Grund der „Weltmarktöffnung, Deregulierung und Liberalisierung mehr und mehr aus der Kontrolle der Wirtschaft zurück" (Dünckmann 2000:23-24).

5.3 Die Bewertung der Bioethanolproduktion in der heutigen Situation

Durch das Ethanolprogramm stieg die Zuckerrohrproduktion deutlich an (Schölzel 2000:92). Diese positive Bilanz wirkt sich auf die Anzahl der Beschäftigten aus. Im Jahr 2005 arbeiteten ca. eine Millionen Menschen in der Biokraftstoffindustrie. 35% sind jedoch Saisonarbeiter (Gans/ Gerling 2008:60). Diese sogenannten „bóias - frias" sind arbeitsrechtlich kaum geschützt. Auf den Zuckerrohrplantagen werden 14 Stunden täglich in gebückter Haltung gearbeitet. Es kommt durch die Haltung, die mangelnde Ernährung und hohen Temperaturen zu Gesundheitsschäden. Außerdem ist Kinderarbeit auf solchen Plantagen keine Seltenheit (Dünckmann 2000:25).

Der erwartete Ausgleich der regionalen Unterschiede blieb aus. Denn wie es in den meisten Entwicklungsländern der Fall ist, blieb eine nachhaltige Entwicklung aus. So wurde nicht auf die Ansiedlung von Wissen und Technik gesetzt (Gans/ Gerling 2008:61). Der minder entwi-

11

ckelte Norden Brasiliens verlor an sozioökonomischer Bedeutung anstatt sich dem Süden anzugleichen. Sao Paulo bildet weiterhin für die „nationale Produktion den räumlichen Schwerpunkt Brasiliens" (Dünckmann 2000:25). Das größte soziale Problem Brasiliens ist allerdings die uneinheitliche Verteilung des Grundbesitzes. Laut Kritikern fördert der Zuckerrohranbau lediglich Großbetriebe, so dass Kleinbauern vertrieben werden und so ihre Existenz verlieren. Dies trifft jedoch nicht für alle Gebiete zu. Aber es steht fest, dass nur Großbetriebe unterstützt werden (Dünckmann 2000:26).

Negativ fallen auch die ökologischen Folgen auf. Wie allgemein bekannt tragen auch hier die Biokraftstoffe dazu bei, Emissionen zu verringern und so die Luftqualität zu verbessern. Durch das Abbrennen von Feldern, um nichtnutzbare Pflanzenteile zu vernichten, entstehen Umwelt- und Gesundheitsprobleme. Des Weiteren senkt sich der Grundwasserspiegel ab und durch Rodungen verlieren verschiedene Gegenden ihren natürlichen Schutz gegen Hochwasser. Zusätzlich fallen bei der Bioethanolproduktion große Mengen an Abwasser (Vinasse) an. Dies wird nur unter hohem Sauerstoffverbrauch abgebaut und führt zur Zerstörung des Lebens in Flüssen (Dünckmann 2000:26, Gans/ Gerling 2008:61).

Wirtschaftlich gesehen erfüllte die Biokraftstoffproduktion nicht die Erwartungen. Das Ziel vollständig unerreicht blieb aus. Denn selbst während der 80er Jahre deckte der Biokraftstoff nur 10% des nationalen Energiebedarfs. Auch für den Außenhandel blieben die Erwartungen aus. Zwar konnte ein Teil der Ölimporte eingespart werden, dafür sank aber der Ölpreis unter ein Preisniveau von 30US$ pro Barrel. Dies war die Grenze für die Wirtschaftlichkeit des Bioethanols. Dementsprechend wurde das Programm unwirtschaftlich und ist auf staatliche Unterstützung angewiesen (Dünckmann 2000:25).

Dies zeigt, dass dieses Programm durchaus kritisch zu sehen ist. Wie Brüscher (2009:220) es beschreibt, „muss man sich einmal das Paradox vor Augen halten, dass, wie andere auch, Brasilien in wachsenden Maße Agrarprodukte exportiert und ein bedeutender Teil seiner Bewohner unzureichend ernährt". Trotzdem ist Brasilien zweiter Marktführer der Bioethanolproduktion mit 38%, gefolgt von der EU mit 4,3% und China mit 3,7%. Der größte und restliche Anteil entfällt auf die USA, die Brasilien im Jahr 2005 auf dem Markt überholt haben. In den 80er und 90er Jahren war Brasilien Marktführer (Scheffran 2010:27). Durch die Preissteigerungen für Rohöl wird in Brasilien auch wieder nach langem Stillstand über dieses Programm diskutiert. Es wurden Verhandlungen mit internationalen Automobilfirmen aufgenommen, um neue alkoholbetriebene Fahrzeuge zu entwickeln und so wieder lukrativ zu machen. Außerdem soll der Anteil des dehydrierten Alkohols von 22% auf 24% angehoben werden, sowie die staatlichen Fahrzeuge darauf umgestellt werden. Die Zeiten der vollständigen Unterstützung durch den Staat sind jedoch vorbei. Deswegen werden auch 320 Weiterverarbeitungsbetriebe geschlossen. Somit bleiben nur die wettbewerbsfähigen Anlagen erhalten. Die Konzentration der modernen Firmen in Sao Paulo steigt und somit die soziale

Ungleichheit. Trotz dieser neuen Maßnahmen ist nicht sicher, ob das PROÁLCOOL - Programm einmal politisch unabhängig sein kann (Dünckmann 2000:27).

6 Zusammenfassung

Es ist unumstritten, dass neue Energiequellen auf Grund des steigenden Energiebedarfs benötigt werden. Es ist ebenso absehbar, dass fossile Energieressourcen knapp werden und die Umwelt durch steigende CO_2- Ausstöße belastet wird. So müssen alternative Energien vor allem im Bereich der Kraftstoffe gefunden werden. Heutzutage wird dabei auf Energie gewonnen aus Biomasse gesetzt. Diese hat sich in den letzten Jahren, sowohl national als global, positiv entwickelt. 2005 konnte der Biokraftstoffmarkt ein Wachstum von 70% verbuchen (Staiß 2007:380). Dies bringt soziale und ökologische Vorteile mit sich.

Durch die Nutzung von Biokraftstoffen werden nicht nur Technologien gefördert, sondern der Anbau von Energiepflanzen soll auch den ländlichen Bereich stärken. Schließlich können dadurch Arbeitsplätze geschaffen werden und positive Aspekte für den Klimaschutz kommen ebenfalls zum Tragen. Jedoch kommt es bereits jetzt zu nationalen, sowie globalen Konflikten (AgrarBündnis e.V. 2008:9). Obwohl die Umwelt entlastet werden soll, entstehen andere Treibhausgase wie Lachgas, die die Ozonschicht angreifen und den Treibhauseffekt fördern (Meurer 2000:18). Außerdem kommt es zur Abholzung von Regenwäldern, da mehr Anbauflächen benötigt werden. Also werden Lebensräume zerstört. Aus sozialer Sichtweise werden zwar Arbeitsplätze geschaffen, jedoch zu schlechten Arbeitskonditionen. Zusätzlich verlieren Kleinbauern ihre Existenz, da ihre Flächen ebenfalls für den Anbau der Energiepflanzen benötigt werden (Becker et.al. 2008:63). Stark betroffen sind hiervon die Agrarländer des Südens. Hier verstärkt sich auch die Problematik der Nahrungsversorgung. Es kommt zu einem Konkurrenzkampf zwischen Energie- und Nahrungsversorgung (Bernhardt 2008:68). Rein ökonomisch betrachtet sind Biokraftstoffe nicht wirtschaftlich. Doch stellen sie eine Möglichkeit zur Energiegewinnung dar. Schließlich befinden sie sich am Anfang ihrer Entwicklung und Konflikte können durch Optimierung gelöst werden (Becker et.al. 2008:63). Ob sich der Gebrauch von Biokraftstoffen „als Segen oder Fluch herausstellen wird" (Gans/ Gerling 2008:64) bleibt jedoch abzuwarten und hängt stark von dem Handeln der Industrie- und Entwicklungsländern ab. Es sollte auch überlegt werden, anstatt andere Quellen zu finden, den gesamten Energiebedarf zum Schutz des Klimas zu reduzieren (AgrarBündnis e.V. 2008:9). Auf keinen Fall darf die Nachhaltig aus den Augen verloren werden. Denn jede Generation hat ein Anrecht auf eine gesunde Energie und ausreichende Energieversorgung (Eich/ Hake 2002:6/16). Trotz dieser Problematiken stellen Biokraftstoffe einen „praktikablen Lösungsansatz dar" (Becker et.al. 2008:63) und haben Potential sich auf dem Markt zu etablieren.

Literaturverzeichnis

AgrarBündnis e.V. (2008): Positionspapier des AgrarBündnis e.V.: Bioenergie vom Acker –
Chancen und Risiken. In: Der kritische Agrarbericht 2008. < http://www.kritischer-
agrarbericht.de/fileadmin/Daten-KAB/KAB-2008/Positionspapier.pdf > abgerufen am
17.04.2010.

Alves, B./ Boddey, R./ Soares, L./ Urquiaga (2008): Bio – Ethanol Production in Brazil.
In: Pimentel, D. (Hrsg.) (2008): Biofuels, Solar and Wind as Renewable Energy Sys-
tems – Benefits and Risks. USA: Springer Science + Business Media B.V., 321- 356.

Becker, A./Breuer, T./ Delzeit, R. (2008): Biofuels: Die globale Renaissance der „Kraftstoffe
vom Acker". In: Geographische Rundschau 60 (1), 58-64.

Bernhardt, D. (2008): In den Tank oder auf den Teller? Bedroht die Steigerung des
Agrospriteinsatzes die Ernährungssicherheit im Süden? In: Der kritische Agrarbericht
2008.   <   http://www.kritischer-agrarbericht.de/fileadmin/Daten-KAB/KAB-
2008/Bernhardt.pdf > abgerufen am 16.04.2010.

Breuer, T. (2004): Standortfaktoren biogener Kraftstoffe – Pflanzenölbasierte Treibstoffe,
BioEthanol und BioSynFuels. In: Bonner Beiträge zur Geographie – Material aus For-
schung und Lehre (Heft 20). Bonn: Geographisches Institut der Universität Bonn.

Brysch, S. (2008): Biogene Kraftstoffe in Deutschland – Biodiesel, Bioethanol, Pflanzenöl
und Biomass–to–Liquid im Vergleich. In: Reihe Nachhaltigkeit Band 22. Hamburg:
Diplomica Verlag.

Brüscher, W. (2009): Energiegeographie – Wechselwirkungen zwischen Ressourcen, Raum
und Politik. In: Baumhauer, R./Bendix, J./Gebhardt, H./Reuber, P. (Hrsg.) (2009):
Studienbücher der Geographie. Berlin/ Stuttgart: Gebr. Borntraeger Verlagsbuch-
handlung.

Bundesministerium für Umwelt, Naturschutz und Reaktorsicherheit (BMU) (2010):
Entwicklung der erneuerbaren Energien in Deutschland 2009 <
http://www.erneuerbare-
energien.de/files/pdfs/allgemein/application/pdf/ee_hintergrund_2009_bf.pdf > abgerufen am 14.04.2010.

Chaliganti, R./ Chennamaneni, R./ Müller, U. (2008): Hyderabad: Förderung von Biokraftstoffen in peri- urbanen Gebieten. In: Geographische Rundschau 60 (4), 30-35.

Dünckmann, F. (2000): Das brasilianische PROÁLCOOL–Programm – Biokraftstoff aus Zuckerrohr. In Geographische Rundschau 52 (6), 22-27.

Eich, R./ Hake, J. (2002): Die Auswirkungen von Nachhaltiger Entwicklung auf dem Energiesektor. In: Hake, J./ Eich, R./ Kleemann, M./ Pfaffenberger, W. (Hrsg.) (2002): Erneuerbare Energien: Ein Weg zu einer Nachhaltigen Entwicklung? (= Schriften des Forschungszentrum Jülich Energietechnik Band 22) Jülich: Forschungszentrum Jülich GmbH Zentralbibliothek, 6-39.

Fachagentur Nachwachsende Rohstoffe e.V.(FNR) (o.J. a): Energiepflanzen.
< http://www.energiepflanzen.info/pflanzen.html > abgerufen am 14.04.2010.

Fachagentur Nachwachsende Rohstoffe e.V.(FNR) (o.J. b): Biokraftstoffe.
< http://www.bio-kraftstoffe.info/kraftstoffe.html >abgerufen am 14.04.2010.

Fachagentur Nachwachsender Rohstoffe e.V. (FNR) (o.J c): Biomass – to – Liquid.
< http://www.btl-plattform.de/herstellung.html > abgerufen am 14.04.2010.

Flaig, H. (1998): Biomasse – nachwachsende Energie: Potentiale – Technik- Kosten. In: Bartz, W. (Hrsg.) (1998): Kontakt & Studium (Band 539). Renningen–Malmsheim: expert – Verlag.

Gans, P./ Gerling, K. (2008): Biokraftstoffboom: Segen oder Fluch für die Agrarländer des Südens? In: Geographische Rundschau 60 (4), 58-65.

Gärtner, S./ Reinhardt, G. (2005): Biokraftstoffe made in Germany: Wo liegen die Grenzen? In: Natur und Landschaft 80 (9/10), 400-402.

Geitmann, S. (2005): Erneuerbare Energien & alternative Kraftstoffe – Mit neuer Energie in die Zukunft. Kremmen: Hydrogeit Verlag.

Kohl, H. (2008): Regenerative Energieträger im Aufwind – Entwicklung der erneuerbaren Energien. In: Bührke, T./ Wengenmayr, R. (Hrsg.) (2008): Erneuerbare Energien - Alternative Energiekonzepte für die Zukunft. Weinheim: Wiley – VCH Verlag.

Meurer, M. (2000): Nachwachsende Energiepflanzen und biogene Rohstoffe ökologische und ökonomische Alternative oder Sackgasse?. In: Geographische Rundschau 52 (6), 16-21.

Nentwig, W. (2005): Humanökologie: Fakten – Argumente – Ausblicke. Berlin, Heidelberg: Springer-Verlag.

Scheffran, J. (2010): The Global Demand for Biofuels: Technologies, Markets and Policies. In: Blaschek, H./ Qureshi, N./ Vertès, A./ Yukawa, H. (Hrsg.) (2010): Biomass to Biofuels – Strategies for Global Industries. West Sussex, United Kingdom: John Wiley and Sons, 27-54.

Schölzel, C. (2000): Brasiliens Reaktionen auf die Erdölpreisschocks – Ein Sonderweg in eine Sackgasse? In: Peyke, G./ Ritter, W./ Ruppert, R./ Weigt, E. (Hrsg.) (2000): Nürnberger Wirtschafts- und Sozialgeographische Arbeiten (Band 56). Erlangen: Selbstverlag des Wirtschafts- und Sozialgeographischen Instituts.

Staiß, F. (2007): Jahrbuch Erneuerbare Energien 2007. Stiftung Energieforschung Baden – Würtenberg (Hrsg.) (2007): Radebeul: Bieberstein Verlag & Agentur.

Bildnachweise des Titelblatts: Fachagentur nachwachsender Rohstoffe e.V. (2008) < http://www.bauerhubert.de/.../energiepflanzen_01.jpg > abgerufen am 14.04.2010.

16